Sitzungsberichte
der Heidelberger Akademie der Wissenschaften
Stiftung Heinrich Lanz
Mathematisch-naturwissenschaftliche Klasse
Abteilung A.
Jahrgang 1924. 1. Abhandlung.

Einwirkung von Stickstoffkohlenoxyd und von Stickwasserstoffsäure unter Druck auf aromatische Kohlenwasserstoffe.

(Umwandlung von Benzolen in Pyridine.)

Von

Theodor Curtius und **Alfred Bertho.**

Vorläufige Mitteilung. Eingegangen am 26. Januar 1924.

Berlin und Leipzig 1924

Walter de Gruyter & Co.

vormals G. J. Göschen'sche Verlagshandlung / J. Guttentag, Verlagsbuchhandlung / Georg Reimer / Karl J. Trübner / Veit & Comp.

Einwirkung von Stickstoffkohlenoxyd und von Stickwasserstoffsäure unter Druck auf aromatische Kohlenwasserstoffe.

(Umwandlung von Benzolen in Pyridine.)

Nach den Untersuchungen von TH. CURTIUS und F. SCHMIDT unterscheidet sich das Sulfurylazid $SO_2(N_3)_2$ von den Sulfaziden $RSO_2 \cdot N_3$ dadurch, daß es bei der Einwirkung auf aromatische Kohlenwasserstoffe unter Abspaltung von Stickstoff nicht ein Anilid bildet, sondern zunächst unter Aufhebung einez Athylenbindung im Benzolkern ein um eine $(NH)''$gruppe reicheres Produkt liefert. Der so erhaltene Körper, welcher aus Sulfurylazid und *p*-Xylol entstand, zeigte Eigenschaften, welche an Pyridinderivate, in diesem Falle an ein Lutidin erinnerten. Derselbe entsprach aber nicht dem 7 gliederigen Ringsystem eines dimethylsubstituierten Hexamethylcuimins, trotzdem er die empirische Zusammensetzung desselben besaß. Über diese Untersuchungen, die an dieser Stelle nur angedeutet werden können, haben TH. CURTIUS und F. SCHMIDT in den Ber. d. d. Chem. Ges. umfassend referiert.[1])

Wir haben nun seit Jahresfrist das Carbonylazid (Stickstoffkohlenoxyd $N_3 \cdot CO \cdot N_3$) in den Kreis unserer Untersuchungen gezogen, auf aromatische Kohlenwasserstoffe einwirken lassen und gefunden, daß dieser von dem einen von uns (TH. CURTIUS und K. HEIDENREICH) vor langer Zeit entdeckte Körper[2]) sich in ähnlicher Weise wie das Sulfurylazid verhält. Sulfurylazid bildete mit *p*-Xylol keine Spur von *p*-Xylidin; Carbonylazid ebenfalls nicht, obwohl dies nach dem Verhalten der gewöhnlichen Sulfonazide zu erwarten war. Vielmehr erhielten wir auch hier eine Base pyridinartigen Charakters; aber, wenn die Reaktion unter Druck sich vollzieht, von einer um eine *CH*-gruppe ärmeren empirischen Zusammensetzung, und zwar beim *p*-Xylol $(CH_3)_2\,C_5\,H_3\,N$ gleich $C_7\,H_9\,N$, während das Sulfurylazid den Körper $(CH_3)_2\,C_6\,H_5\,N$ gleich $C_8\,H_{11}\,N$ (sog. Pseudoxylidin) ergeben hatte.

---

[1]) Ber. d. d. Chem. Ges. **55**, 1571 ff. [1922].

[2]) Journ. prakt. Chem. [2] **52**, 467 [1895].

Carbonylazid wird heute noch nach dem alten Verfahren am besten durch Diazotieren des Carbohydrazids gewonnen. Man erhält die Substanz in chemisch reinem Zustand, im Gegensatz zum Sulfurylazid, das nur durch Umsatz von $SO_2\ Cl_2$ mit Natriumazid gewonnen werden kann und immer Chlor enthält. Bei mäßiger Abkühlung fällt das Carbonylazid als Öl aus, das sofort von dem betreffenden Kohlenwasserstoff, mit welchem man es in Reaktion bringen will, durch Umschütteln aufgenommen werden muß. Läßt man die öligen Tropfen bei stärkerer Abkühlung ohne Verdünnungsmittel krystallinisch werden, so zeigen sie ihre furchtbar explosive Kraft oft schon spontan. Mit den Auflösungen des Stickstoffkohlenoxyds in aromatischen Kohlenwasserstoffen läßt sich unter besonderen Vorsichtsmaßregeln in zugeschmolzenen Röhren unter Erhitzen bis auf 150 ° in der gewünschten Weise arbeiten. Nach dem Erhitzen zeigt das Rohr starken Gasdruck. Der Inhalt besteht aus einer gelbbraunen Flüssigkeit, welche eine an den Wandungen des Gefäßes haftende dunkelbraune Substanz abgesetzt hat. Die filtrierte benzolische Flüssigkeit wird mit konz. Salzsäure ausgeschüttelt, die salzsauren Lösungen im Vakuum zur Trockne verdampft, und der Rückstand mit Natronlauge destilliert. Dabei läßt man Spuren von NH_3 zunächst sich verflüchtigen und dampft das Destillat wiederum mit Salzsäure ein. Nimmt man zu dem beschriebenen Versuch *p*.-Xylol, so erhält man in diesem Falle ein in langen dünnen Nadeln oder dendritenförmigen Büscheln schön kristallisierendes, anisotropes, wenig hygroskopisches Chlorhydrat. Bei zahlreichen Untersuchungen wurde immer dasselbe Chlorhydrat erhalten. Das aus der Base dargestellte Pikrat gab bei der Analyse stets denselben Stickstoffgehalt, welcher die Zusammensetzung $C_6H_3N_3O_7$, $(CH_3)_2C_5H_2N$ gleich $C_{13}H_{11}N_4O_7$ vollkommen sicherstellte. Auch das Platinsalz des erhaltenen Körpers wurde untersucht. Die Stickstoffbestimmungen desselben entsprechen genau denen des pikrinsauren Salzes und zeigten also die Formel $[(CH_3)_2\ C_5\ H_2\ N]_2\ H_2\ PtCl_6$. Der Schmelzpunkt des Pikrates war stets derselbe bei 160—161 °. Nach den verschiedenen Angaben der Literatur schmilzt das Pikrat des 2,5-Lutidins, um welches es sich in unserem Falle einzig und allein handeln kann, bei 151°—152°, 165,5°, 156°—157°.

Ganz analog ist die Base, welche bei der Einwirkung von Benzol auf Carbonylazid entsteht, nach unseren allerdings noch sehr lückenhaften Beobachtungen nichts anderes als Pyridin selbst. Die Ausbeuten sind hier noch geringer als die bei der Einwirkung von Carbonylazid auf *p*-Xylol. Bei der großen Gefahr, welcher sich der Experimentator bei den Versuchen mit Carbonylazid aussetzt, war ein

Arbeiten im Autoklaven (Metallkontakt!) bisher unmöglich. Auch die empirische Zusammensetzung der erhaltenen Körper konnte nur durch die Mikroanalyse, aber mit voller Sicherheit, festgestellt werden.

Der eine von uns (BERTHO) hat neuerdings gefunden, daß auch freier Stickstoffwasserstoff N_3H in aromatischen Kohlenwasserstoffen gelöst und unter Druck erhitzt analoge Pyridinderivate liefert wie Carbonylazid. Das aus Stickwasserstoff und p-Xylol erhaltene Chloroplatinat ist höchstwahrscheinlich mit dem aus Carbonylazid und p-Xylol erhaltenen identisch. Auch Pyridin wird man nach unseren vorläufigen Versuchen durch Erhitzen von benzolischer Stickstoffwasserstoffsäure erhalten können. Die Ausbeuten waren bisher hier besonders gering, aber wir konnten feststellen, daß keine Spur von Anilin entstanden war. Selbstverständlich haben wir die verwendeten Kohlenwasserstoffe auf die subtilste Weise von etwa vorhandenen Spuren basischer Körper gereinigt.

Wir sind der Ansicht, daß der unter Abspaltung von 2 Molekülen Stickstoff entstandene Rest des Carbonylazids $>N\cdot CO\cdot N<$ in atomistischen Stickstoff und Kohlenoxyd — das Kohlenoxyd läßt sich bei der Reaktion einwandfrei nachweisen — unter starkem Druck und hoher Temperatur partiell zerfallen kann. Die Energie des Stickstoffatoms reißt aus dem Benzolkern eine CH-Gruppe heraus und setzt sich an deren Stelle unter Bildung eines Pyridinderivates. Aus der Abspaltung der CH-Gruppen erklärt sich die Bildung der stets auftretenden humusartigen Substanzen, die, wie wir beobachtet haben, manchmal ein fast schwarzes unlösliches kohlenstoffreiches Pulver darstellen.

Von besonderem Interesse ist, daß sich das Molekül der freien Stickstoffwasserstoffsäure $H\cdot N_3$ unter Umständen (hoher Druck und hohe Temp.!) gegenüber aromatischen Kohlenwasserstoffen ebenso verhalten kann wie ihre Schwefelsäureester $SO_2\begin{matrix}-N_3\\-N_3\end{matrix}$ oder ihre Kohlensäureester $CO\begin{matrix}-N_3\\-N_3\end{matrix}$. Es geht daraus hervor, daß das Molekül des Stickstoffwasserstoffs offenbar imstande ist, unter den angegebenen Bedingungen partiell in $N_2 + N''' + H'$ getrennt zu zerfallen. Daß $(NH)''$ aus Stickwasserstoff eliminiert werden und als selbständiges reaktionsfähiges zweiwertiges Radikal wie die zweiwertigen Reste der starren Säureazide seine Wirkung ausüben kann, hat F. SCHMIDT in seinen schönen Untersuchungen gezeigt.[1]) In unserem Falle geht der

[1]) Z. f. angew. Chem. 36. Jahrgang S. 511.

Zerfall offenbar bis zur Bildung des atomistischen Stickstoffatoms (das Wasserstoffatom wird zu Reduktionen verwendet). Hierdurch wird die Möglichkeit gegeben, durch Stickstoffwasserstoff in Benzolen wie durch Carbonylazid eine *CH*-Gruppe durch ein Stickstoffatom zu ersetzen und ein Pyridinderivat zu bilden.

Wir hoffen die ausführlichen experimentellen Belege zu vorstehenden Ausführungen, deren Feststellung weniger durch die geringen Ausbeuten im Reaktionsprodukt als durch die Gefährlichkeit, welche das Arbeiten mit Stickstoffkohlenoxyd oder Stickwasserstoff in größeren Mengen im Autoklaven darbietet, trotzdem in kurzer Zeit beibringen zu können.

Wir bitten die Fachgenossen, die Durchführung dieser gewiß interessanten Untersuchungen über die Umwandlung von Benzolen in Pyridine uns noch eine zeitlang zu überlassen.

FSC
www.fsc.org
MIX
Papier | Fördert gute Waldnutzung
FSC® C083411

Zeitfracht Medien GmbH
Ferdinand-Jühlke-Straße 7
99095 Erfurt, Deutschland
produktsicherheit@kolibri360.de